Planet Dinosaur

恐龙星球

凶猛掠食者

明洋卓安　编著

吉林科学技术出版社

图书在版编目（CIP）数据

凶猛掠食者 / 明洋卓安编著. -- 长春 : 吉林科学技术出版社，2021.3
（恐龙星球）
ISBN 978-7-5578-7703-3

Ⅰ. ①凶… Ⅱ. ①明… Ⅲ. ①恐龙一儿童读物 Ⅳ. ①Q915.864-49

中国版本图书馆CIP数据核字(2020)第198822号

XIONGMENG LÜESHIZHE

恐龙星球 凶猛掠食者

编　　著　明洋卓安
出 版 人　宛　霞
责任编辑　石　焱
封面设计　长春市明洋卓安文化传播有限公司
制　　版　长春市明洋卓安文化传播有限公司
幅面尺寸　185 mm×210 mm
开　　本　24
字　　数　50千字
印　　张　3.5
印　　数　1-6 000册
版　　次　2021年3月第1版
印　　次　2021年3月第1次印刷

出　　版　吉林科学技术出版社
发　　行　吉林科学技术出版社
地　　址　长春市福祉大路5788号
邮　　编　130118
发行部电话/传真　0431-81629529　81629530　81629531
81629532　81629533　81629534
储运部电话　0431-86059116
编辑部电话　0431-81629380
印　　刷　吉广控股有限公司

书　　号　ISBN 978-7-5578-7703-3
定　　价　29.90元

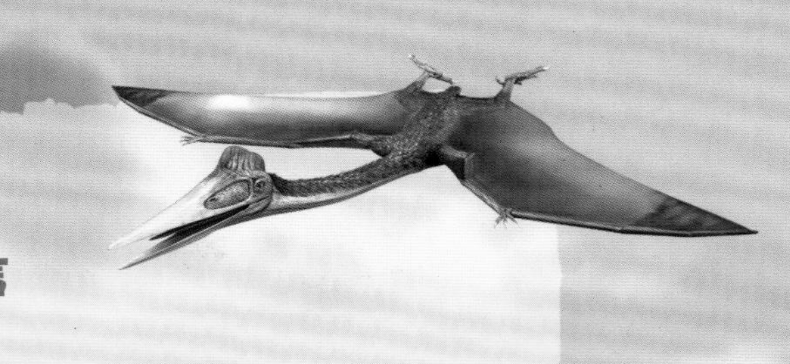

前　言

恐龙，一种曾经在地球上生活了2.5亿年的神秘生物，是遥远而神秘的力量代表。孩子们对恐龙的喜爱超出大人的想象，这是对神秘的向往，也是对力量的崇拜，更是小小好奇心的萌芽。请珍惜孩子心中小小的恐龙梦，让这份勇于探索的精神伴随其慢慢长大。

恐龙是非常独特的生命群体，它们形态各异，称霸一时。尽管在距今6 500万年前的灭绝事件中，恐龙从地球上消失了，但它们的骨骼和某些生存痕迹却随着时间长埋地下，给我们留下了宝贵的线索。随着恐龙考古的不断发现，已知的恐龙队伍在不断壮大。

“恐龙星球”系列丛书精选111种恐龙，用精美图片生动地还原了恐龙世界的精彩与震撼。全书运用先进的3D建模技术，复原逼真的恐龙模型，重建庞大的恐龙家族。而AR增强现实技术的应用，更是让这些史前巨兽穿越时空与你同行。

编者话

目　录

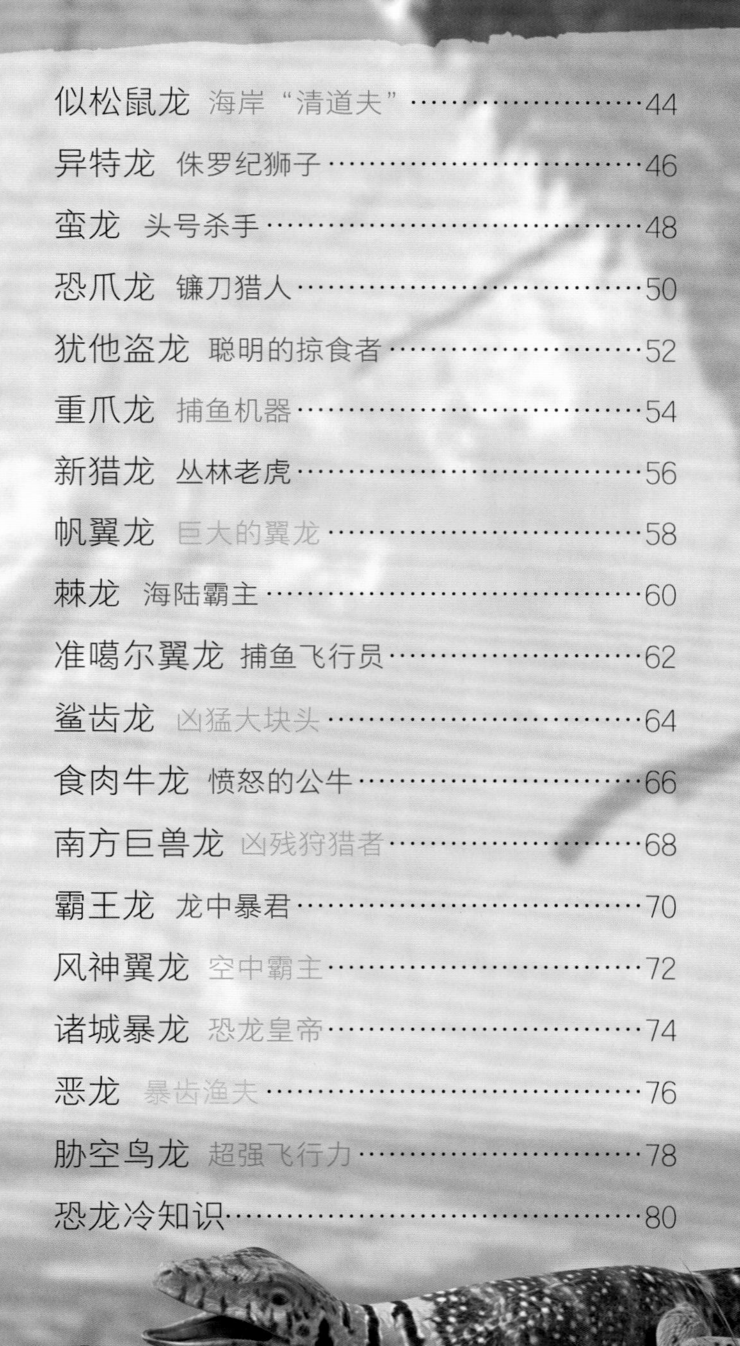

理理恩龙 恐怖杀手

理理恩龙是一种生性凶猛、杀伤力极强的大型肉食恐龙，口中的两排尖牙是它们捕杀猎物的秘密武器。理理恩龙非常强悍，哪怕是体形比自己大几倍的恐龙，都有可能成为它们的腹中大餐。

消失的五指

理理恩龙的前肢较短，带有明显的原始特征——长有五指。这种特征，将伴随着恐龙族群的进化而逐渐消失，而这种进化也将使它们的后代们成为更恐怖的杀手。

理理恩龙

- 生存年代：三叠纪晚期
- 食　　物：肉类
- 体　　型：体长约5.5米，高约2米
- 体　　重：约130千克
- 发 现 地：德国

原美颌龙 优美的猎人

原美颌龙是一种很小的肉食恐龙，它们身形矫健，步履轻盈，拥有完美流畅的体形。在欧洲广阔的土地上，原美颌龙成群结队地奔跑觅食，形成了一道亮丽的风景线，真不愧是三叠纪晚期最优美的猎人。

不挑食的家伙

三叠纪晚期的欧洲大陆上，动物种类还很稀少，对于猎食者来说，经常会出现食物匮乏的情况。为了适应这种环境，肉食主义的原美颌龙逐渐进化出了一副“不挑食”的肠胃，有什么就吃什么。这可能就是“物竞天择，适者生存”的体现吧！

原美颌龙

- 生存年代：三叠纪晚期
- 食　　物：肉类
- 体　　形：体长约1.2米，高约0.4米
- 体　　重：约5千克
- 发 现 地：德国

敏捷龙 临水猎人

正如它的名字一样，敏捷龙是一种行动敏捷的肉食恐龙。别看敏捷龙个头不大，却是非常凶猛的“猎人”。它们经常潜伏在水源旁边，将小巧的身体隐藏在灌木丛中，伏击前来喝水的小动物，让生活在水边的小型哺乳动物们闻风丧胆。

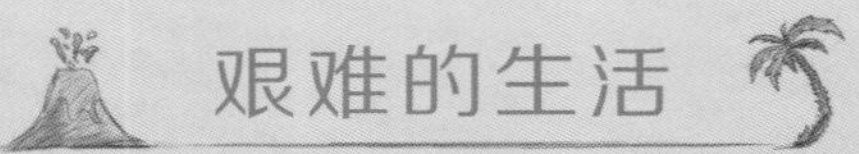

艰难的生活

三叠纪晚期的欧洲大陆干旱炎热，到处都是沙漠，当时的恐龙和其他生物生活得并不容易，大家都聚集在有水源的绿洲地区。在这里，敏捷龙虽然是凶猛的“猎人”，却也要时刻提防比自己体形更大的肉食恐龙的袭击。

敏捷龙

- 生存年代：三叠纪晚期
- 食　　物：肉类
- 体　　形：体长3～6米，高约1米
- 体　　重：约200千克
- 发 现 地：德国

恶魔龙 恶魔之王

就跟恶魔龙的名字一样，其所到之处，就像是“恶魔”降临一般，让其他动物胆战心惊。强壮的颌骨与锋利的牙齿，是它们给猎物致命一击的杀手锏。经过数千万年的进化，恶魔龙成了三叠纪晚期南美洲大陆上真正的“恶魔之王”。

追击战赢家

在早期的肉食恐龙中，恶魔龙的体形相对较大。通过对恶魔龙身体结构的研究，古生物学家发现它们的后肢健壮有力，善于奔跑，能够在与猎物的追击战中获得胜利。

恶魔龙

- 生存年代：三叠纪晚期
- 食　　物：肉类
- 体　　形：体长约4米，高约1.8米
- 体　　重：约200千克
- 发 现 地：阿根廷

钦迪龙 食鱼猎手

在钦迪龙生存的环境中，恐龙的种类非常少，因此钦迪龙们作为古老的恐龙品种，早就占据了食物链的顶端。它们主要捕食小型动物，有时也成群结队对其他大型植食恐龙发起攻击。钦迪龙非常聪明，它们经常聚集在河流及湖泊边捕鱼吃，因为它们觉得捕鱼要比追捕猎物简单得多。

小巧的捕鱼能手

钦迪龙的体形较小，身体轻盈，敏捷轻巧，是早期典型的肉食恐龙。它们的脑袋大而长，嘴里长着两排尖牙，当它们将头部扎入水中咬住鱼类时，鱼就会被这两排牙齿牢牢“锁住”，逃脱不得。

钦迪龙

- 生存年代：三叠纪晚期
- 食　　物：肉类
- 体　　形：体长约2米，高约0.8米
- 体　　重：约30千克
- 发 现 地：美国

哥斯拉龙 怪兽杀手

在恐龙族群的初期发展阶段，哥斯拉龙就已经拥有了让其他肉食恐龙十分羡慕的尖牙和利爪。三叠纪晚期的北美洲大陆多以小型动物为主，哥斯拉龙凭借得天独厚的身体结构，成了无所畏惧的“怪兽杀手”。

哥斯拉怪兽

古生物学家在给这种恐龙命名的时候，想到这种恐龙凶猛、暴虐的捕猎场景与电影作品中的“哥斯拉怪兽”的形象十分相符，所以哥斯拉龙的名字就这样诞生了。

哥斯拉龙

- 生存年代：三叠纪晚期
- 食　　物：肉类
- 体　　形：体长5.5～7米，高约1.5米
- 体　　重：150～200千克
- 发 现 地：美国

双冠龙 头冠杀手

双冠龙是侏罗纪早期北美洲地区最凶狠、最有杀伤力的杀手，它们最大的特点就是头顶上的一对颜色鲜艳的头冠。古生物学家推测当双冠龙遇到敌人时，头冠可以起到恐吓作用。另外，双冠龙的牙齿锋利无比，咬合力惊人，可以撕开任何它们想要吞进肚子里的食物。

强大的攻击力

双冠龙喜欢独自生活，因为单枪匹马的双冠龙也完全可以捕捉到任何它想捕捉的猎物，这样强大的攻击力让它们不会为了食物而发愁。

双冠龙

▪生存年代：	侏罗纪早期
▪食　　物：	肉类
▪体　　形：	体长约6米，高约2.5米
▪体　　重：	约500千克
▪发 现 地：	美国

冰冠龙 南极第一龙

冰冠龙的头上长着一个色彩鲜艳的头冠，像一把梳子插在头顶，古生物学家推测这个头冠无法应用于战斗，可能只起到装饰或吸引配偶的作用。不过这并不影响冰冠龙成为一名行动敏捷的战士，因为尖牙利爪才是它们最厉害的武器。冰冠龙化石散布在南极地区，是第一种发现于南极洲的肉食恐龙。

南极大陆的化石

1991年，来自比利时的威廉姆·哈默博士和地质学家戴维德·艾利奥特在南极发现了冰冠龙化石。它的发现改变了人们对南极洲的印象，原来这片白雪皑皑的冰川大陆也曾是生命的天堂。

冰冠龙

- 生存年代：侏罗纪早期
- 食　　物：肉类
- 体　　形：体长约6.5米，高约2.5米
- 体　　重：约460千克
- 发 现 地：南极洲比德莫尔冰川

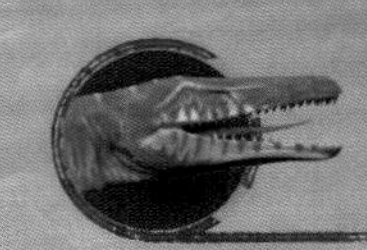

滑齿龙 海中潜伏者

它们潜伏在海中，靠保护色伪装自己，依靠嗅觉辨别方向，锁定猎物。当猎物进入它们的攻击范围时，它们会突然蹿出，张开大嘴牢牢地咬住猎物，瞬间结束猎物的生命。它们就是海中的潜伏者——滑齿龙。

深海猛兽

滑齿龙的一生都生活在水中，它们粗壮的身影在四片桨鳍的驱动下四处游荡。滑齿龙的鼻腔结构使它在水中也能嗅到气味，在很远的地方就能发现猎物的行踪。

滑齿龙

- 生存年代：侏罗纪中期
- 食　　物：肉类
- 体　　形：体长12～15米
- 体　　重：1 000～2 000千克
- 发 现 地：法国

原角鼻龙 鱼类爱好者

在遥远的侏罗纪中期，只要有河流或湖泊的地方，附近就一定会发现原角鼻龙的身影，因为它们最喜欢的食物就是鱼类。原角鼻龙的前肢较短，前爪长有锋利的三指，这是它们捕鱼的绝佳工具。但是在河流结冰的冬季，原角鼻龙也会将狩猎目标转向小型动物。

轻量级猎食者

因为原角鼻龙的体形较小，所以捕食时必须更加机警，它们要随时提防可能突然出现的大家伙们。

原角鼻龙

- 生存年代：侏罗纪中期
- 食　　物：肉类
- 体　　形：体长约3米，高约0.7米
- 体　　重：约100千克
- 发 现 地：英国

美扭椎龙 海岛霸主

美扭椎龙生活在离海岸不远的岛屿上，这些岛屿相互独立，而且岛上覆盖着茂密的树林，树林中生活着多种多样的恐龙和小型动物。美扭椎龙是这片海岛上体形最大、食性最凶残的物种，它们专门猎杀岛上和附近海域的动物，称霸整个海岛。

美扭椎龙的食物

当海岛上食物充足时，美扭椎龙可以猎杀动物来充饥。当海岛上的食物缺乏时，美扭椎龙也会吃被海浪冲上来的海洋动物的尸体，毕竟填饱肚子才是最重要的。

美扭椎龙

- 生存年代：侏罗纪中期
- 食　　物：肉类
- 体　　形：体长5～7米，高约2米
- 体　　重：约500千克
- 发 现 地：英国

璧山上龙 水下伏击者

大部分恐龙都不敢轻易涉足这片静谧的浅海，因为这里生活着恐怖的水下伏击者——璧山上龙。它们的嘴巴较大，牙齿尖利，可以猎杀所有涉足这片水域的闯入者。

水中霸王

璧山上龙是一种中等大小的蛇颈龙。蛇颈龙是已经灭绝的水生爬行动物，在恐龙生存的时代，体形庞大的它们遍布各大水域，是当时名副其实的水中霸王。

璧山上龙

- 生存年代：侏罗纪中期
- 食　　物：肉类
- 体　　形：体长约4米
- 体　　重：不详
- 发 现 地：中国

晓廷龙 艳丽的夜行者

晓廷龙浑身长着艳丽的羽毛，它们喜欢生活在树上，凭借出色的滑翔能力捕捉昆虫。晓廷龙长着一双大眼睛，有很好的夜视能力。夜晚，昆虫们异常活跃，晓廷龙就像今天昼伏夜出的猫头鹰一样，锁定目标，迅速出击，轻松地饱餐一顿。

不同的羽毛

晓廷龙的命名是为了纪念天宇自然博物馆馆长郑晓廷，他对中国古生物研究做出了重要的贡献。晓廷龙的羽毛很鲜艳，但雄性晓廷龙的羽毛要比雌性的更加艳丽，这一特点很像今天的环颈雉（野鸡）。

晓廷龙

- 生存年代：侏罗纪中晚期
- 食　　物：肉类
- 体　　形：体长约0.5米
- 体　　重：约0.8千克
- 发 现 地：中国

五彩冠龙 冠绝群雄

五彩冠龙的脑袋上长着一个大而中空的头冠。古生物学家推测，这个头冠具有艳丽的色彩，还是所有长着头冠的恐龙中结构最精致的，因此五彩冠龙有着“冠绝群雄”的称号。不过，这个头冠并不具备攻击性，只是用来炫耀的。自带王冠的五彩冠龙会组成战斗群体，展开集体猎杀行动。

五彩冠龙的生活

五彩冠龙是一种小型肉食恐龙，主要以小型植食恐龙、蜥蜴、鱼类为食。因为那些和五彩冠龙生活在同一时期的大型肉食恐龙时刻威胁着它们的生命，所以五彩冠龙必须与大家伙们保持一定的距离。

五彩冠龙

- 生存年代：侏罗纪晚期
- 食　　物：肉类
- 体　　形：体长约2米，高约1米
- 体　　重：约100千克
- 发 现 地：中国

耀龙 漂亮的羽毛尾巴

在被发现的耀龙化石中，保存了清晰的羽毛结构，这可以证明它们的身上长着漂亮的羽毛。耀龙有4根引人注意的、长长的带状尾羽，这些带状尾羽的长度均超过20厘米，几乎和它们的身体一样长。由于体形比较小，耀龙喜欢待在高高的树上躲避危险，捕猎的时候再到地面上来。看来这只正在吃鱼的狸尾兽就是耀龙今天的晚餐了。

狸尾兽

狸尾兽是最早的水生哺乳动物，比最早的鲸目等半水生哺乳动物和水生哺乳动物早出现了1亿多年。它们是耀龙最喜欢的美味佳肴。

耀 龙

- 生存年代：侏罗纪晚期
- 食　　物：肉类
- 体　　形：体长约0.445米
- 体　　重：约0.2千克
- 发 现 地：中国

四川龙 大型狩猎者

四川龙是一种体形较大的肉食恐龙，它们的后肢健壮有力，脚掌又宽又大，可以在丛林中快速奔跑。四川龙的前肢很短，爪部前端各生长着三个锋利的爪指，这使它们的狩猎过程变得简单，只要轻松几下就能杀死猎物。因此四川龙在侏罗纪晚期的亚洲大陆上称得上是一方霸主。

超强的攻击力

由于四川龙的攻击力强大无比，因此同期共存的各种恐龙都可能成为它们的狩猎目标。不仅体形较小的晓龙、体形中等的沱江龙要躲避四川龙的攻击，就连体形较大的蜀龙和马门溪龙遇到四川龙也要远远躲开。

四川龙

- 生存年代：侏罗纪晚期
- 食　　物：肉类
- 体　　形：体长约8米，高约4米
- 体　　重：约500千克
- 发 现 地：中国

角鼻龙 游泳健将

在危机四伏的河岸上，生活着一种善于游泳的大型肉食恐龙——角鼻龙。它们的身体较扁，尾巴较长，这种体形非常适合在水中捕猎，所以鱼类和其他一些水生生物都是角鼻龙喜欢的食物。

多种食物选择

角鼻龙有一张丰盛的菜单，除了水生生物之外，角鼻龙还有能力猎食生活在陆地上的动物，比如体形比它们小的恐龙，所以它们不必每天都到水里去捕食。

角鼻龙

- 生存年代：侏罗纪晚期
- 食　　物：肉类
- 体　　形：体长5～7米，高2.5米
- 体　　重：700～1 500千克
- 发 现 地：美国

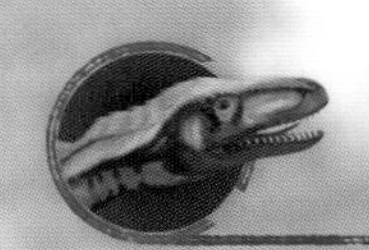

祖母暴龙 水岸称霸

祖母暴龙是一种体形非常小的肉食恐龙，由于体形限制，祖母暴龙无法捕猎大型动物，蜥蜴、鱼类等是它们最好的食物。因此它们总是潜伏在水岸附近的树林里，称霸一方水源。

暴龙的祖先

暴龙类恐龙是出现时间最晚、体形最大的肉食恐龙，也是地球上有史以来最大的陆生肉食动物之一。但是，它们的祖先居然是这个小不点儿——体重约5千克的祖母暴龙。

祖母暴龙

- 生存年代：侏罗纪晚期
- 食　　物：肉类
- 体　　形：体长约1米，高约0.3米
- 体　　重：约5千克
- 发 现 地：葡萄牙

美颌龙 岛屿主宰者

侏罗纪晚期的欧洲，大陆还是支离破碎的，在那些分散的小岛上，生活着一种小型的肉食恐龙——美颌龙。别看美颌龙体形小，但其实它们是岛上最凶猛的肉食恐龙，生活在水中的鱼类及其他水生动物一个不小心就会成为美颌龙的大餐。

关于美颌龙的误会

古生物学家在美颌龙的化石内部发现了一个小动物的残骸。当时有部分学者认为这是美颌龙的胚胎，也就是说美颌龙能像哺乳动物那样产下幼崽。后来，古生物学家推翻了这一想法，认为美颌龙腹中的动物应该是一只蜥蜴，而且这一观点得到了广泛认同。

美颌龙
▪生存年代：侏罗纪晚期
▪食　　物：肉类
▪体　　形：体长约1.4米，高约0.4米
▪体　　重：约4千克
▪发 现 地：德国

似松鼠龙 海岸“清道夫”

长相可爱的似松鼠龙喜欢生活在海岸线周围，因为这里气候适宜，食物充足。无论是周围的昆虫、爬行动物，还是水中的鱼类，都在似松鼠龙的食谱中。似松鼠龙还会定时定期地食用海岸上动物的尸体，是尽职尽责的海岸“清道夫”。

娇小的屠夫

似松鼠龙全身覆盖着一层羽毛，看起来没什么攻击力。别看它们体形较小，但是实力却不容小觑。似松鼠龙长着尖利的牙齿和爪子，性情十分凶残。

似松鼠龙
▪生存年代：侏罗纪晚期
▪食　　物：肉类
▪体　　形：体长约1.5米，高约0.5米
▪体　　重：不详
▪发 现 地：德国

异特龙 侏罗纪狮子

侏罗纪晚期出现的异特龙是一种生活在北美洲的肉食恐龙，它们是此地最活跃的大型掠食者，拥有“侏罗纪狮子”的美称，王者风范十足。从古生物学家们发现的化石数量上看，异特龙是当时很常见的一种恐龙，它们甚至会组成群体，向一些大型植食恐龙发起攻击。

恐怖的攻击

异特龙上颌的短齿形成了锯齿状的结构，可以快速切入猎物的皮肉，而且一旦咬住绝不放开，猎物的挣扎反而会造成更严重的创伤。

异特龙

- 生存年代：侏罗纪晚期
- 食　　物：肉类
- 体　　形：体长7～13米，高约4米
- 体　　重：1 500～3 600千克
- 发 现 地：美国

蛮龙 头号杀手

蛮龙是侏罗纪晚期恐龙届的“头号杀手”，它们的牙齿长而锋利，能轻松穿透猎物的脖子。蛮龙还拥有像镰刀一样的锋利爪指，能划破猎物的皮肉。相信我，同时期的其他恐龙都不想“偶遇”蛮龙。

巨大的咬合力

蛮龙的下颌骨较宽，咬肌发达，这表明它嘴部的攻击力是极具破坏力和毁灭性的,古生物学家推断蛮龙是咬合力第二大的陆地动物，仅次于霸王龙。

蛮龙

- 生存年代：侏罗纪晚期
- 食　　物：肉类
- 体　　形：体长9～14米，高约5米
- 体　　重：7 000～12 200千克
- 发 现 地：美国

恐爪龙 镰刀猎人

恐爪龙的后肢强壮，末端长着锋利的爪趾。其中第二趾高高翘起，像镰刀一样锋利，是它们主要的进攻武器。恐爪龙的尾部有独特的骨棒加固，在急速奔跑中可以保持身体平衡，因此它们可以迅猛而准确地开展捕猎活动，是灵巧而凶狠的猎人。

独特的捕猎本领

由于恐爪龙尾部的特殊结构，使它们能够保持一只脚着地，另一只脚抬起的姿势，而且不会摔倒。这让它们可以举起镰刀般的爪子，迅速出击，准确地将猎物开膛破肚。

恐爪龙

- 生存年代：白垩纪早期
- 食　　物：肉类
- 体　　形：体长约3米，高约0.87米
- 体　　重：约75千克
- 发 现 地：美国

犹他盗龙 聪明的掠食者

犹他盗龙的脑袋很大，爪子也很大，因此古生物学家们推测犹他盗龙可能兼具智慧与武力，是一种既聪明又有力量的掠食者。犹他盗龙的爪子非常恐怖，最长的甚至可以达到40厘米。想象一下，如果被这样的爪子抓一下，后果一定不堪设想。

聪明的恐龙

很多人猜测恐龙可能是一种很笨重的动物，因为它们的身子很大，脑袋却很小。但是通过对犹他盗龙化石的分析，古生物学家们认为，犹他盗龙不但一点儿也不笨，反而十分聪明。

犹他盗龙

- 生存年代：白垩纪早期
- 食　　物：肉类
- 体　　长：体长约7米，高约2米
- 体　　重：约500千克
- 发 现 地：美国

重爪龙 捕鱼机器

重爪龙大部分时间都生活在水边，靠捕鱼为生。它们捕鱼时的样子就像如今生活在北美洲的灰熊一般，站在水中用大大的爪子抓到鱼，然后用嘴叼住，带到灌木丛中慢慢享用，是一个与世无争的“捕鱼机器”。

锋利的“镰刀”

让重爪龙闻名于世的是它前肢上的第一趾，这个趾头弯曲着，顶端长着锋利的大爪尖，就像是重爪龙时刻握在手中的一把镰刀。

重爪龙

- 生存年代：白垩纪早期
- 食　　物：肉类
- 体　　形：体长8～10米，高约3.5米
- 体　　重：2 000～4 000千克
- 发 现 地：英国

新猎龙 丛林老虎

新猎龙是一种凶猛异常的肉食恐龙，就像如今的丛林之王——老虎一样。新猎龙的后肢十分发达，奔跑速度很快。除此之外，他们还长着锋利的钩爪和牙齿，这是它们捕杀猎物的重要武器。只要是新猎龙看上的猎物，最后基本上都会遭殃。

狂奔的新猎龙

新猎龙的后肢修长，肌肉发达，跑起来非常矫健。它们的奔跑速度可以达到40千米/时，与霸王龙不相上下。

新猎龙

- 生存年代：白垩纪早期
- 食　　物：肉类
- 体　　形：体长约7.5米，高约2米
- 体　　重：1 000~2 000千克
- 发 现 地：英国

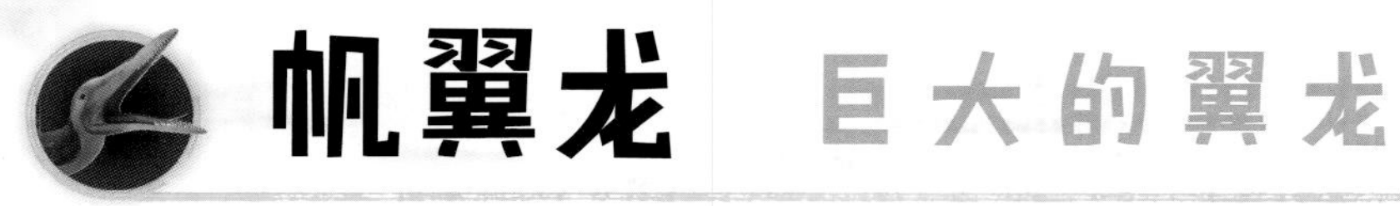

帆翼龙 巨大的翼龙

帆翼龙生活在白垩纪早期，它们的外形与我国的丹顶鹤很像。当它们展开翅膀的时候，翼展能达到5米。当成群的帆翼龙同时翱翔在空中的时候，简直是遮天蔽日，不见天光，场面十分壮观。

鸭嘴翼龙

除了拥有一对巨大的翅膀外，帆翼龙还有一个长而大的脑袋和像鸭子一样的嘴巴，所以帆翼龙还有另外一个名字——鸭嘴翼龙。

帆翼龙

- 生存年代：白垩纪早期
- 食　　物：肉类
- 体　　型：翼展约5米
- 体　　重：不详
- 发 现 地：英国

棘龙 海陆霸主

棘龙的背部有一个高度可达1.65米的帆状物，可能具有调节体温、吸引异性、威胁对手的作用。棘龙的长相凶恶，性情暴虐，善于捕猎。它们经常潜入水中抓捕鱼类，所以一般的小型动物轻易不会踏足棘龙统治的水域。

潜水本领

大部分人已经接受棘龙非常善于捕鱼的事实，很多恐龙爱好者都认为棘龙只是简单地站在水中，追逐大鱼，并抓住它们。但是研究显示，棘龙也可能会潜入深水寻找食物。

棘 龙

- 生存年代：白垩纪早期
- 食　　物：肉类
- 体　　形：体长约14米，高约4米
- 体　　重：6 000~8 000千克
- 发 现 地：埃及

准噶尔翼龙 捕鱼飞行员

准噶尔翼龙是一种白垩纪早期的翼龙。它们拥有一对宽大的翅膀，喜欢生活在植物茂盛的湖边，经常在水域上空盘旋，寻找喜欢吃的鱼虾。它的上下颌的前端都向上弯曲，末端较尖，这是对捕鱼生活的适应。

飞行优势

准噶尔翼龙属于飞龙类，它们的身体结构适于飞行，细长的身体呈纺锤形，双翼大而宽阔，这让它们成为了天生的飞行好手。

准噶尔翼龙

- 生存年代：白垩纪早期
- 食　　物：肉类
- 体　　形：翼展约3米
- 体　　重：不详
- 发 现 地：中国

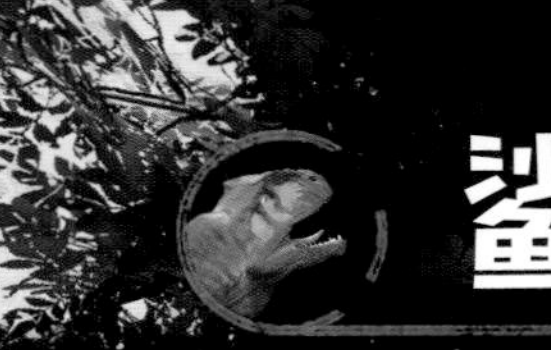

鲨齿龙 凶猛大块头

鲨齿龙体形巨大，是世界上最大的三种兽脚恐龙之一。鲨齿龙拥有强壮的后肢，奔跑起来动力十足，冲撞力极强。它们可以一头把猎物撞昏，然后使用鲨鱼一样锐利的牙齿撕咬猎物，美美地饱餐一顿。被两只鲨齿龙围攻，这只潮汐龙估计是凶多吉少了！

恐怖的牙齿

鲨齿龙之所以有这样一个名字，是因为它长着像鲨鱼一样的牙齿。这些牙齿非常锋利，而且向内侧倾斜，边缘还有小锯齿。鲨齿龙会用这样的牙齿一口咬住猎物，造成巨大的伤口，猎物会因失血过多而死去。

鲨齿龙

- 生存年代：白垩纪晚期
- 食　　物：肉类
- 体　　形：体长10～13.5米，高约3.5米
- 体　　重：6 000～15 000千克
- 发 现 地：非洲北部

食肉牛龙 愤怒的公牛

食肉牛龙是一种体形较大的肉食恐龙，它们的眼睛上方长着一对短而粗的尖角。虽然这对尖角让它们看上去像一头愤怒的公牛，但尖角既不够大，也不够硬，所以应该是食肉牛龙恐吓敌人的武器。

善于奔跑

食肉牛龙是一种善于奔跑的动物，最高速度可达14米每秒，它可能是奔跑速度最快的大型肉食恐龙之一。

AR

食肉牛龙

- 生存年代：白垩纪晚期
- 食　　物：肉类
- 体　　形：体长约8米，高约3米
- 体　　重：约2 500千克
- 发 现 地：阿根廷

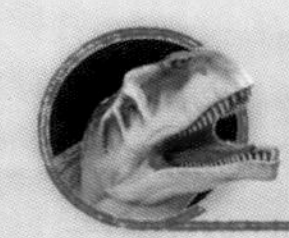

南方巨兽龙 凶残狩猎者

顾名思义，南方巨兽龙体形巨大，是目前发现的体形最大的肉食恐龙之一。南方巨兽龙的口中生长着一排尖利的牙齿。在对付大型猎物时，它们会用一口尖牙不停地撕咬，尽量多地制造伤口，使猎物最终因失血过多而死，是一种凶残的狩猎者。

巨大的脑袋

南方巨兽龙的脑袋很大，目前发现的最大的南方巨兽龙的头骨长达1.92米，如果把它立在地上，比一个成年男子的身高还要高。可以想象一下，这样一只巨兽游走在丛林中，场面一定很震撼。

南方巨兽龙

- 生存年代：白垩纪晚期
- 食　　物：肉类
- 体　　形：体长约13.5米，高约4.5米
- 体　　重：8 000～10 000千克
- 发 现 地：阿根廷

霸王龙 龙中暴君

相信只要一提到恐龙这种生物，霸王龙的名字就会一下子浮现在大家的脑海中。没错，霸王龙绝对是恐龙世界的暴君，没有任何一种肉食恐龙敢挑战它的君主地位。超强的嗅觉和良好的视力为它的捕猎提供了非常好的条件。霸王龙凭借自己巨大的身体、强健的肌肉、锋利的牙齿，令所经之地的其他恐龙们闻风而逃。

惊人的咬合力

根据霸王龙化石的骨骼状态，古生物学家推测，一只成年霸王龙的咬合力可达6万牛顿，相当于鳄鱼咬合力的10倍以上，所以霸王龙可以轻松咬碎猎物的骨头。

霸王龙

- 生存年代：白垩纪晚期
- 食　　物：肉类
- 体　　形：体长11.5～14.7米，高约5米
- 体　　重：8 000～14 850千克
- 发 现 地：美国

风神翼龙 空中霸主

风神翼龙是目前已知的体形最大的翼龙，光是它们的头部就将近1米长。风神翼龙飞翔在天空中，就像一架小型飞机一样。最新考古研究表明，除了通过捕鱼来填饱肚子以外，风神翼龙甚至还会将恐龙幼崽当作食物，真是恐龙时代名副其实的空中霸主。

飞翔的秘密

风神翼龙的体形虽然很大，但其实它的骨骼很轻，体重也不重，翅膀面积特别大，所以风神翼龙可以借助风力轻松地飞翔。风神翼龙的出现意味着翼龙这类爬行动物已经拥有了成熟的飞行能力。

风神翼龙

- 生存年代：白垩纪晚期
- 食　　物：肉类
- 体　　形：翼展约12米，高约5米
- 体　　重：约250千克
- 发 现 地：美国

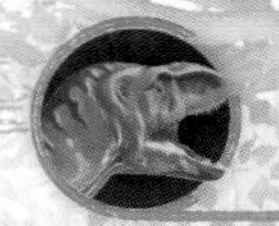

诸城暴龙 恐龙皇帝

诸城暴龙作为白垩纪晚期生活在中国大陆上最顶级的肉食恐龙，地位相当于恐龙届的皇帝。诸城暴龙牙齿锋利，后肢强壮，是很多植食恐龙的噩梦。它们还会因为领地、食物、地位等原因向同类发起挑战。两只诸城暴龙对战，场面一定很残酷。

不为人知的弱点

诸城暴龙虽然残暴凶狠，但是它们也有致命的弱点。在战斗中，如果敌人碰巧是长有角的恐龙，那么诸城暴龙必须提起十二万分的警惕。因为它们的肚子十分脆弱，长角的恐龙可以轻易地刺穿它们的肚皮，造成巨大的伤害。

诸城暴龙

- 生存年代：白垩纪晚期
- 食　　物：肉类
- 体　　形：体长约12米，高约4米
- 体　　重：约10 000千克
- 发 现 地：中国

恶龙 暴齿渔夫

恶龙往往生活在河海岸边，利用水源带来的丰富资源生活。它们长着一口恐怖的牙齿，嘴巴前方的牙齿向外翻得十分严重，尖端带钩，边缘有锯齿。就是这样一副“凶恶”的牙齿，让恶龙的捕鱼活动变得十分便利。

可怕的旱季

从牙齿和下颚来看，恶龙似乎是一名专业的捕鱼者。但是，恶龙生活在白垩纪晚期的马达加斯加岛，那里属于半干旱气候。当旱季来临时，河水干涸，恶龙无法捕鱼，它们不得不捕食其他小动物来填饱肚子。

恶 龙

- 生存年代：白垩纪晚期
- 食　　物：肉类
- 体　　形：体长约2米，高约0.7米
- 体　　重：约60千克
- 发 现 地：马达加斯加岛

胁空鸟龙 超强飞行力

胁空鸟龙是外形最像鸟的一种恐龙，它们的脚上长有弯弯的趾爪，能够抓紧树干，长时间地站立在树木上。胁空鸟龙的前肢比其他原始鸟类更大、更强壮，并且全身覆盖羽毛，所以它们应该拥有很强的飞行能力。

树栖的胁空鸟龙

胁空鸟龙具有树栖特性，古生物学家猜测它们能够在树上做窝和产卵，这使得它们生活在树上的时间非常多，只有在觅食和喝水的时候才会来到地面。

胁空鸟龙

- 生存年代：白垩纪晚期
- 食　　物：肉类
- 体　　形：体长约0.6米
- 体　　重：不详
- 发 现 地：马达加斯加岛

恐龙冷知识

恐龙的智商

在很多电影作品中，恐龙都是以一种呆头呆脑的形象出现的。事实上，通过深入研究，古生物学家发现很多恐龙的智商都很高，它们会想出各种方法来狩猎。而且一般来说，肉食恐龙的智商比植食恐龙还要高一些。

恐龙的寿命

古生物学家认为，如果恐龙是冷血动物，那么它们的寿命在75～300岁之间。如果恐龙是温血动物，寿命则会短一些。但目前，关于恐龙是冷血动物还是温血动物依然没有准确的说法。

恐龙时代的生物

除了恐龙以外，在恐龙时代还有哪些我们知道的生物呢？其实，在恐龙出现的很久很久以前，鱼就已经出现了，蜻蜓也已经到处飞舞，只不过那时的蜻蜓要比现在看到的大很多，而蚂蚁和蜥蜴也曾经和恐龙同时生活在地球上。

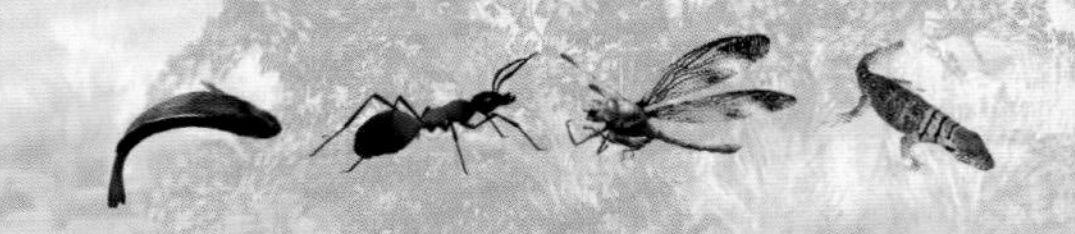

水域霸主

在恐龙时代的水域中，有这样一种生物，它们长着长长的脖子和巨大的鳍（qí），在水中灵活自如，它们就是蛇颈龙。据推测，蛇颈龙在三叠纪晚期开始出现，到侏罗纪时期遍布世界各地的水域，白垩纪晚期灭绝。根据蛇颈龙脖子的长短可分为长颈蛇颈龙和短颈蛇颈龙。长颈蛇颈龙主要生活在海洋中，短颈蛇颈龙主要生活在内陆的水域中。

长颈蛇颈龙正在捕猎

原始龟类动物

龟类动物很早就出现在地球上了，到了三叠纪晚期，它们已经进化出坚硬的可以保护自己的甲壳。古生物学家推测，龟类动物坚硬的甲壳是从某种动物的肋骨演化而来的。为适应自然环境的变化，某种生物的肋骨慢慢扩大，逐渐包裹住四肢，这一变化让它们的行动和呼吸速度都慢了许多。或许正是这种为了适应环境所产生的巨大变化，才让龟类家族存活至今。

恐龙渔夫

很多恐龙食谱中最常见的食物便是鱼类。这些恐龙生活在水边，像渔夫一样捕鱼。白垩纪早期还出现了一类特殊的肉食恐龙，它们体形庞大，外形奇特，长着类似鳄鱼的脑袋和异常锋利的前爪，这类恐龙被称为棘龙类恐龙，大名鼎鼎的棘龙和重爪龙就是它们中的一员。

恐龙的速度

中型植食恐龙可以连续几个小时以每小时10～12千米的速度小跑。

大型肉食恐龙的奔跑速度在每小时30～50千米之间，比人类全速奔跑时的速度还快。

速度最慢的是巨型蜥脚类恐龙，巨大的身体使它们不可能快速移动，它们会以每小时4～6千米的速度吃力地行走，和人类散步时的速度差不多。

翼龙不是恐龙

翼龙也叫翼手龙，它们是一种已经灭绝的爬行动物，尽管翼龙与恐龙都生存于中生代，但它们并不是恐龙。翼龙的翅膀是一种薄而结实的膜，从身体侧面一直延伸到前肢，与身体相比，翼龙的翼展面积都非常大。

翼龙数量很少吗？

目前发现的古生物化石中，翼龙化石的数量与恐龙相比是很少的，这是不是说明，在恐龙时代，翼龙的种类和数量都不多呢？其实并不是这样的，古生物学家很少发现翼龙化石，主要是因为翼龙的骨骼纤细而且中空，翼龙的躯体很容易被微生物分解或被食腐动物吃掉，所以它们的化石才很难保存下来。